DE L'AMÉLIORATION

DES

PRAIRIES NATURELLES

DANS

LA BASSE-BRETAGNE,

et

DE LA FABRICATION ET DE LA CONSERVATION DES FOURRAGES,

par M. H. QUERRET,

Agriculteur bas-breton, Inspecteur de l'association bretonne, Membre de la société
vétérinaire du Finistère et des Côtes-du-Nord, et de différentes
sociétés agricoles de la Bretagne.

> Travaillez, prenez de la peine :
> C'est le fonds qui manque le moins.
>
> (LAFONTAINE.)

BREST,

TYPOGRAPHIE DE CH. LE BLOIS,

LIBRAIRE ET LITHOGRAPHE, SUCC. DE MM. A. PROUX ET Cie,
rue Neptune, 10, et rue Royale, 59.

1845.

DE L'AMÉLIORATION

DES

PRAIRIES NATURELLES

DANS

LA BASSE-BRETAGNE.

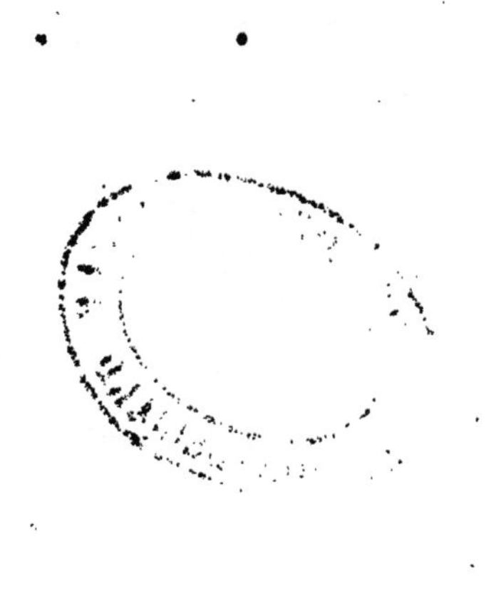

DE L'AMÉLIORATION

DES

PRAIRIES NATURELLES

DANS

LA BASSE-BRETAGNE,

et

DE LA FABRICATION ET DE LA CONSERVATION DES FOURRAGES,

par M. H. QUERRET,

Agriculteur bas-breton, Inspecteur de l'association bretonne, Membre de la société
vétérinaire du Finistère et des Côtes-du-Nord, et de différentes
sociétés agricoles de la Bretagne.

> Travaillez, prenez de la peine :
> C'est le fonds qui manque le moins.
> (LAFONTAINE.)

BREST.

TYPOGRAPHIE DE CH. LE BLOIS,

LIBRAIRE ET LITHOGRAPHE, SUCC. DE MM. A. PROUX ET Cie,
rue Neptune, 10, et rue Royale, 59.

1845.

NOTE DE L'ÉDITEUR.

Tout le monde comprend enfin l'importance de l'agriculture, ce trésor inépuisable si longtemps dédaigné en France, et les esprits sont aujourd'hui tournés vers les études agricoles qui, jusqu'à présent, étaient remplacées par une aveugle routine. Aussi, plusieurs personnes ayant manifesté le désir de posséder, réunis dans une brochure, les articles de *la Revue Bretonne* sur *l'amélioration des prairies naturelles*, M. Le Blois, éditeur de *la Revue*, s'est empressé de solliciter de l'auteur l'autorisation de les reproduire sous cette nouvelle forme, et M. Querret la lui a aussitôt accordée gratuitement, jaloux de rendre ce nouveau service aux agriculteurs Bas-Bretons, et d'acquérir un titre de plus à la distinction flatteuse dont il vient d'être l'objet de la part du gouvernement du Roi.

RAPPORT

FAIT

A LA SECTION DES SCIENCES PHYSIQUES

DE LA

SOCIÉTÉ D'ÉMULATION DE BREST,

SUR L'OUVRAGE DE M. QUERRET,

ayant pour titre :

De l'amélioration des Prairies naturelles dans la Basse-Bretagne, etc.

Commissaires : MM. LE BORGNE, baron MENU DE MÉNIL ;

PLAGNE, Rapporteur.

De toutes les productions agricoles, celle des fourrages est, sans contredit, la plus importance, et doit être la base de toute exploitation bien entendue ; elle est presque toujours la cause première de la prospérité de l'agriculteur intelligent, qui sait mettre à profit les ressources que lui présentent certaines parties de ses champs qui, entre des mains inhabiles, seraient frappées d'une stérilité complète, ou donneraient des produits insignifiants et de mauvaise qualité.

Combien de terrains, surtout dans notre province, restent incultes ou à peu près improdutifs, qui, par le travail de quelques journées, souvent perdues au sein d'un oisiveté ruineuse, atteindraient un degré de fécondité inespérée! Nulle autre part qu'en Basse-Bretagne, ce travail ne saurait être appliqué avec plus de succès à l'établissement de nombreuses prairies naturelles : la conformation géologique de notre sol, sa nature, sa climature, ses productions animales, tout semble l'avoir destiné à ce genre d'exploitation. La terre ne fera jamais défaut ; et, comme le dit l'épigraphe de l'ouvrage de M. Querret sur l'amélioration des prairies naturelles : « *Travaillez, prenez de la peine, c'est le fond qui manque le moins.* » Mais de ce fond, couvrez-en une partie en prairies qui sont, je le répète, la source de toute prospérité en agriculture. En effet, sans fourrage, point d'animaux ; sans animaux, point d'engrais ; sans engrais, point de culture ; sans culture, la stérilité ; mais les animaux ne sont pas seulement une usine continue d'engrais, sans eux point de lait, point de beurre, point de fromage, point de viande de boucherie, point de travail des champ, point de charrois. C'est ainsi que tout se lie, tout s'enchaîne en agriculture ; et cependant la pluralité des cultivateurs, ceux de la Basse-Bretagne principalement, paraissent peu s'inquiéter de l'état d'abandon de nos prairies naturelles, qui sont pourtant susceptibles d'une fécondité remarquable et d'un grand développement, sans empiéter sur les terres consacrées à d'autres cultures.

Heureusement que quelques hommes de notre province, placés par la supériorité de leurs connaissances théoriques et pratiques à la tête du progrès en agriculture, éveillent et fixent chaque jour l'attention sur ce point important de l'économie rurale. Déjà leur influence commence à se manifester de toute part, et ne tardera pas à pénétrer au sein des plus modestes exploitations.

Parmi ces hommes recommandables, depuis longtemps signalés à la reconnaissance publique, M. Querret s'est fait remarquer par plusieurs publications sur l'amélioration des prairies naturelles. Ses conseils inspirent d'autant plus d'intérêt et de confiance qu'ils sont le fruit d'une pratique consommée, dont chacun peut apprécier les résultats.

Les préceptes qu'il enseigne, les règles qu'il pose sont établies d'après l'expérience acquise sur le sol de la Bretagne, et lui sont directement applicables. L'auteur a le mérite d'avoir levé les nombreuses difficultés qui se sont nécessairement présentées ; car, comme il le dit lui-même, rien n'est absolu en agriculture ; ce qui est excellent pour telle localité devient mauvais et impraticable pour telle autre, et cela s'applique, comme vous le savez très bien, aux assolements aussi bien qu'aux instruments aratoires, et aux choix des espèces de plantes destinées à constituer les prairies naturelles.

Après plusieurs observations fort intéressantes à cet égard, l'auteur ajoute : Qu'en thèse générale, on doit s'attacher, avant tout, dans notre pays, à ses graminées naturelles et n'introduire les exotiques qu'après les avoir acclimatées.

Mais en suivant M. Querret dans son travail, nous verrons que rien ne lui échappe , que l'étude qu'il a faite du mauvais état actuel de nos prairies l'a convaincu des pertes énormes que cause l'impéritie du cultivateur et lui a inspiré la philantropique pensée de mettre chacun à même de les réparer , en profitant du fruit de son expérience , acquise par de longues années de travail et de nombreux sacrifices.

Tout en signalant d'abord à l'attention l'état d'épuisement des prairies existant sur nos riches coteaux, et l'immense étendue de ceux qui pourraient recevoir la même destination, il déduit les causes du mauvais état des premières et expose ensuite , d'une manière générale, le genre de travail indispensable à leur régénération. Les détails relatifs à chaque partie de ce travail sont ensuite traités en particulier, pour chacune des trois années que l'auteur considère avec raison comme nécessaires pour atteindre une amélioration complète. Rien n'a échappé à la sagacité de M. Querret ; les opérations de la première année , qui sont les plus longues et les plus pénibles, sont décrites avec une méthode, une clarté, une simplicité de style qui permet d'en saisir et d'en comprendre les plus petits détails. Cet article est terminé par la balance des dépenses et de la valeur des produits obtenus, qui est en faveur du cultivateur.

Le travail de la deuxième année est des plus simples : il se réduit à une culture ordinaire avec amendement et fumure ; employés dans les conditions indiquées, il n'exige que les dépenses connues de tous, et donne lieu à des produits qui , dans une année même défavorable , dépasseront les prévisions du cultivateur.

Comme c'est à la troisième année que la prairie est définitivement constituée, les travaux de cette époque doivent être l'objet de la plus scrupuleuse attention , surtout en ce qui concerne les labours , l'établissement des pentes, les canaux d'irrigation et d'écoulement , afin de n'avoir plus, par la suite, qu'à réparer quelques dégâts accidentels.

Ici M. Querret entre dans des détails importants sur les engrais et la manière de les appliquer. Ce qu'il dit aussi du choix des plantes destinées à l'ensemencement et à l'ensouchement des prairies naturelles , doit être pris en grande considération , et le cultivateur est vivement intéressé à tenir compte de ses conseils; car , si les bonnes qualités d'un pré dépendent de la nature du sol , de l'exposition , des soins qu'il a reçus lors de son établissement , elles sont aussi essentiellement subordonnées aux espèces de graminées qu'il convient

— 4 —

de choisir parmi celles déjà acclimatées. Cette dernière proposition est traitée, non sans motifs sérieux, avec une attention spéciale qui fait bien ressortir l'importance qu'on doit y attacher.

Mais M. Querret ne borne point là sa sollicitude, il faut qu'il poursuive jusqu'au bout, et ne voulant rien laisser au hasard ou plutôt à l'inexpérience, il décrit les dernières façons à donner à la terre, et la manière dont les semences d'ensouchement lui seront confiées. Non-seulement il dit ici ce qui doit être fait, mais encore ce qu'il ne faut pas faire, et n'abandonne son sujet qu'après avoir prescrit la conduite à tenir pendant le cours de la première année, dont la récolte, dit-il, est prodigieuse et a donné chez lui quatre coupes en vert ou trois coupes de foin.

Après tous ces détails précieux, l'auteur s'occupe de l'entretien du pré, de la consolidation du terrain, des plantes nuisibles qui peuvent encore s'y présenter, et des moyens de lui conserver sa fécondité.

Avec de l'eau on fait de l'herbe, disent les Allemands ; cela est vrai ; mais, Messieurs, on fait de la bonne ou de la mauvaise herbe, selon que l'eau est employée avec ou sans discernement, selon qu'elle est courante ou stagnante. Sous l'influence de ce dernier état, le meilleur pré devient promptement détestable. En parlant des arrosements, M. Querret attribue, avec raison, la mauvaise qualité des fourrages du pays à l'emploi mal entendu de l'eau qui est presque partout à profusion, et qui, par une bonne direction, pourrait contribuer si puissamment à leur abondance et à leur bonne qualité. Les procédés qu'il indique à cet égard sont sanctionnés par la pratique sur ses propriétés. Nous sommes persuadés qu'ils ne resteront pas sans application de votre part ; application d'autant plus facile que l'auteur entre dans les détails les plus circonstanciés concernant la manière de faire les arrosements, leur durée, les époques de l'année où ils doivent être opérés, et les influences atmosphériques sous lesquelles il convient d'y procéder.

Dans un second chapitre, M. Querret s'occupe des prairies arrosées avec *écoulement difficile* et des terres marécageuses. Ces dernières sont, dit-il, nombreuses. Quoique plus difficiles à traiter, elles doivent éveiller l'attention du cultivateur ; car si leur amélioration demande quelquefois plus de temps, elle n'en est pas moins avantageuse. La manière de procéder ne diffère pas beaucoup de celle des prairies avec écoulement facile, et l'auteur donne autant de soin à cette partie de son travail qu'à celle dont nous vous avons déjà entretenus, sans entrer néanmoins dans d'aussi longs développements, par la raison toute simple qu'il y a beaucoup de rapports entre les opérations de l'une et de l'autre. Il se félicite du succès remarquable qu'a obtenu le *ray-grass* d'Italie, sur les prairies marécageuses qu'il a améliorées sur ses propriétés, et engage ses collègues cultivateurs à venir les visiter afin de juger de leur état.

M. Querret termine ce qui est relatif à l'amélioration des prairies par le regazonnement, opération importante en ce que non-seulement elle a pour objet de consolider le terrain, de détruire les taupinières, mais encore de garnir uniformément les surfaces qui seraient dénudées.

Dans le peu de pages dont se compose l'ouvrage dont il est ici question, se trouvent pressés une foule de faits pratiques, de conseils dictés par l'expérience la plus éclairée, et qui vous inspirent d'autant plus d'intérêt et de confiance qu'ils s'appliquent directement au sol de notre arrondissement. Nous sommes persuadés qu'après sa lecture, tous ceux d'entre vous, Messieurs, qui ont sur leurs propriétés des prairies dans le cas de celles dont il s'agit ici s'empresseront de suivre les conseils de notre honorable et savant collègue de Morlaix.

Mais M. Querret ne se borne pas à donner à l'agriculteur les moyens d'augmenter de beaucoup sa récolte, il ne l'abandonne point encore à lui-même, rien ne doit manquer à son instruction, il restera sous l'influence de la pratique du maître, qui le conduira par la main jusqu'au bout ; en effet, à quoi lui servirait cette masse inaccoutumée de fourrage, si elle était mal récoltée, comme cela arrive souvent, mal séchée, comme cela arrive presque toujours ? Aussi lui enseigne-t-il comment on doit procéder pour obtenir de bons résultats dans ces deux cas ; il lui dit l'époque à laquelle il convient de couper les fourrages destinés à être consommés en vert, l'état dans lequel on doit les livrer au ratelier, et signale les accidents qui, quelquefois, peuvent résulter de leur usage. Passant ensuite à la récolte des foins proprement dits, il prouve, par l'étendue de cet article et par les détails intéressants qu'il y a consignés, toute l'importance qu'on doit attacher à cette opération d'où dépend la bonne ou mauvaise alimentation des animaux. Le degré et l'uniformité de la maturité des plantes sont discutés avec une insistance qui condamne les pratiques habituelles et tend à ramener les cultivateurs à à une méthode plus rationnelle et plus profitable à leurs intérêts. Elle peut se résumer en ce peu de mots : faucher à l'époque où les plantes contiennent le plus de matières nutritives, c'est-à-dire quand le plus grand nombre est en fleur; sécher rapidement, ramasser parfaitement sec. Mais il ne suffit pas d'avoir fait d'excellent foin, il faut encore le conserver dans cet état; l'auteur termine en indiquant les moyens d'y parvenir.

De ce qui précède, il résulte évidemment que l'ouvrage dont nous venons de vous entretenir contient des documents précieux destinés à rendre de grands services à notre agriculture locale. M. Querret a prouvé de nouveau que l'importance d'un ouvrage n'est pas toujours en raison de son volume.

Après un succès si remarquable, exprimons le vœu de voir bientôt M. Querret consacrer ses moments de loisir et son expérience éclairée à nous donner un guide aussi certain pour l'établissement des prairies naturelles sur nos nombreux coteaux restés jusqu'à présent sans culture.

Sachons gré à M. Le Blois, éditeur de la *Revue Bretonne*, où avaient été publiés partiellement les divers articles de M. Querret, sur l'amélioration des prairies en Basse-Bretagne, de les avoir réunis sous forme de brochure.

La section approuve le rapport ci-dessus.

NOTA. — L'ouvrage de M. Querret a aussi été honoré de l'approbation de la société d'agriculture de Brest, dans sa séance du 8 Juillet 1845.

DE L'AMÉLIORATION

DES

PRAIRIES NATURELLES

DANS

LA BASSE-BRETAGNE,

et

DE LA FABRICATION ET DE LA CONSERVATION DES FOURRAGES.

———◆———

Le goût de l'agriculture, ce goût si répandu à l'honneur du siècle, est aujourd'hui étayé d'une théorie profonde : depuis 1801, Rosier et ses savants collaborateurs, Cadet de Vaux, Chaptal, etc., etc., ont vu leurs recherches et leurs observations s'augmenter et se perfectionner par celles de grand nombre de cultivateurs intelligents ; enfin, de nos jours, a paru *la Maison rustique du XIXe siècle*, heureuse compilation du passé, réunion consciencieuse de toutes les nouvelles découvertes, véritable trésor, en un mot, où le cultivateur peut puiser, chaque jour de l'année, les moyens d'augmenter ses produits sans accroître sensiblement ses dépenses.

Mais vainement aura-t-on étudié les théories agricoles, on s'exposera à mille fautes si, aux connaissances que l'on a acquises dans les livres, on ne joint pas l'expérience que donne la pratique ; car rien n'est absolu en agriculture, et ce qui est excellent pour telle localité devient mauvais et impraticable pour telle autre, et cela s'applique non-seulement aux assolements, mais encore aux instruments aratoires et à la bonne administration agricole.

Frappé de cette vérité, j'ai cru que je pouvais être agréable aux cultivateurs de la Bretagne en leur faisant part de la manière dont j'ai traité avec succès certaines cultures, en appliquant les théories écrites aux ressources et aux besoins de notre terroir.

Observations générales. — De toutes les améliorations agricoles que l'on peut faire dans notre pays, celle qui doit le plus attirer l'attention du cultivateur bas-breton est sans contredit l'amélioration à donner à nos prairies naturelles, non-seulement parce que, dans un pays d'éducation de chevaux et de bestiaux, le fourrage est un besoin premier, mais encore parce que cette amélioration est facile en raison de la nature et de la conformation du sol, et qu'elle est d'un résultat prompt, puisque, dans le laps de trois années, on doit couvrir sa dépense et doubler au moins son produit en foin ou fourrage d'une meilleure qualité.

L'agriculture qui, en Basse-Bretagne, a fait d'immenses progrès depuis quinze ans, n'a cependant rien fait encore pour l'amélioration de nos prés naturels : le cultivateur ne s'en occupant que pour les arroser, presque toujours à contre-temps et à contre-sens, détériore le sol sans augmenter même en quantité son produit.

Aussi, généralement, le foin de la Basse-Bretagne est-il de mauvaise qualité et suffit à peine aux besoins, tandis que la richesse de notre végétation et la facilité que nous avons d'avoir de bons fourrages, devraient nous permettre d'élever tous les poulains que nous vendons avant l'âge, et attirer chez nous, par cela seul, le dépôt principal de la remonte et même des garnisons de cavalerie.

Convaincu par expérience qu'il y a possibilité de mettre, à peu de frais, les prés de notre Bretagne à la hauteur de ceux de la Normandie, je vais essayer d'exposer les moyens d'y parvenir.

PLAN DU TRAVAIL.

1° DES PRAIRIES ARROSÉES AVEC ÉCOULEMENT FACILE ;
2° DES PRAIRIES BASSES ET DES TERRES MARÉCAGEUSES.

CHAPITRE 1er.

Des prairies arrosées avec écoulement facile.

La Basse-Bretagne, située dans un climat généralement humide, sillonnée de riches coteaux pour la plupart arrosés de ruisseaux et de fontaines, contient une quantité de terrains sous prairies naturelles ou propres à ce genre de culture, et bien que ces coteaux aient un sol et une exposition variables, que la couche de terre végétale y soit plus ou moins profonde, que le sous-sol y soit plus ou moins improductif, ces coteaux sont, à peu de chose près, susceptibles d'une culture uniforme, et tous peuvent recevoir, dans un temps donné, une amélioration énorme.

La majeure partie de nos prairies arrosées sont épuisées, c'est-à-dire qu'elles ne contiennent plus de plantes nutritives ; d'autres parties ont un sous-sol tellement imperméable que, lorsqu'il y a irrégularité dans ce sous-sol, on rencontre, même dans les pentes, le sol d'une humidité telle qu'il ne produit plus que des joncs ou des plantes marécageuses : en arrosant à contre-temps et surabondamment les parties épuisées, comme on le fait généralement, on détruit peu à peu ce qui reste des plantes nutritives ; et, en ne desséchant pas les parties trop humides, non-seulement on entretient les plantes nuisibles qui les couvrent, mais encore on amaigrit le sol, car les eaux stagnantes dans les prés deviennent rouillées et contraires à la végétation.

Il faut un travail de trois ans pour améliorer une prairie arrosée.

§ Ier. — *Travail de la première année.*

La première opération que doit faire un cultivateur qui veut améliorer ses prairies est, non-seulement de cesser ses arrosements, mais même de dessécher le plus possible. Pour arriver à ce dernier but, la nature et la conformité du terrain doivent diriger le cultivateur dans la direction à donner à ses canaux de dessèchement. Il n'y a point de règles générales possibles à donner à ce sujet ; cependant les canaux principaux de dessèchement doivent être faits, autant que possible, dans la partie la plus en pente, et à une profondeur telle que les canaux partiels puissent en atteindre le fond : il faut que l'arête de ces canaux principaux soit d'une pente uniforme et que cette arête serve de base aux plans inclinés des faces à cultiver ; il faut enfin que ces canaux principaux soient au moins d'une largeur de trente centimètres.

Je supposerai donc qu'immédiatement après la récolte de foin, le cultivateur qui veut améliorer sa prairie ait commencé à la dessécher au moyen de canaux qu'il a tracés avec intelligence, et de manière à ce que ces canaux puissent être toujours conservés.

L'époque du mois de juin est la plus convenable aux premiers travaux d'amélioration des prairies, et, en effet, outre qu'à cette époque on a sauvé la récolte de foin, c'est celle où les travaux de la campagne sont suspendus, où la terre reçoit le plus d'influence de la belle saison, et par conséquent celle où les dessèchements sont les plus prompts et les plus faciles ; d'autres considérations, tirées du genre de culture à faire pour l'amélioration des prairies, viendront plus tard persuader au cultivateur qu'aussitôt après la récolte du foin, il doit s'occuper de ses prés.

Supposons donc que la prairie a reçu un dessèchement premier au moyen de canaux principaux percés avec intelligence : le premier travail à faire sera de la diviser en sillons latéraux de quatre à cinq mètres de large, au moyen de canaux dirigés perpendiculairement au canal principal.

La profondeur de ces canaux partiels dépendra de la profondeur de la couche végétale et de la pente que l'on veut ou peut donner aux faces latérales du pré ; mais il faut que leurs arêtes viennent aboutir à celle du canal principal d'écoulement.

Ce travail fini (et c'est celui qui demande toute l'attention du cultivateur, car de lui dépend, comme on le verra plus tard, le système d'écoulement, et par conséquent d'arrosement de la prairie), on procèdera au dessouchement des mottes au moyen de la marre. [1] Ces mottes ne devront pas toutes être traitées de la même manière ; il est bon d'en faire d'abord la distinction en deux classes :

1° Celles des endroits trop humides et marécageux doivent être enlevées et ramassées en mulon, et placées sur le bord de la prairie pour être répandues plus tard comme amendement : ces mottes sont longtemps à pourrir, et ce n'est qu'après une période de trois ans, et lorsque l'on sera en mesure de rendre la prairie à son état premier, que l'on devra les employer ;

2° Celles des endroits où la prairie est épuisée ou trop sèche doivent être enfouies, lors du premier travail à faire, ainsi qu'il sera dit : dans aucun cas on ne doit les brûler dans notre pays, comme l'indiquent quelques auteurs, non-seulement parce qu'en raison de l'humidité de l'atmosphère, elles y sèchent difficilement, mais encore parce qu'en les brûlant on se prive d'un engrais précieux et que l'on retarde son opération d'une année.

Supposons donc que, vers le commencement de juillet, la prairie que l'on veut renouveler ait été sillonnée de canaux

____

[1] Nom qu'on donne dans le pays à une forte houe à court manche.

d'écoulement, ensuite marrée [1], et que les mottes provenant des endroits humides ou marécageux aient été mulonnées. Le travail que l'on doit faire immédiatement est un travail à la pelle : ce travail, quoique fort simple, demande de la part des cultivateurs la plus grande attention ; mais, avant d'en parler, il est bon de rappeler les amendements qu'on peut obtenir par le simple mélange des terres.

Il est reconnu en principe que l'influence du soleil, pour le dessèchement et la végétation, est d'autant plus forte que les terres qui lui sont exposées à nu sont d'une couleur plus foncée ; aussi lorsque le sous-sol est de terre blanche (argilo-siliceuse) et que la couche végétale est de terre noire ou foncée, il y a moins de danger de ramener une plus grande quantité de sous-sol à la surface.

Il est aussi reconnu en principe qu'il y a amendement par le mélange des terres lourdes avec les terres légères, et comme, dans l'amélioration des prairies, il faut en quelques endroits améliorer la couche végétale et le sous-sol, qu'il faut autant que possible que la superficie du sous-sol et la superficie cultivée forment deux plans inclinés, susceptibles d'écoulements faciles, il est de la plus grande importance d'étudier le sous-sol, et, dans les travaux à faire, non-seulement de bien établir les écoulements dont il vient d'être parlé, mais encore de faire avec intelligence le labour de mélange du sous-sol avec la couche végétale.

On obtient l'écoulement au moyen du travail simple et facile que je vais indiquer : quant aux mélanges que l'on peut être obligé de faire, ils dépendent de la nature du terrain. C'est au cultivateur à étudier le sien : je lui recommande à ce sujet les documents donnés dans *la Maison rustique du XIXe siècle*, tome 1er, page 47 et suivantes.

Revenons à notre travail d'amélioration, que nous avons

____

[1] Expression bretonne pour indiquer le travail de la forte houe à court manche.

laissé au moment où le cultivateur a divisé sa prairie en sillons transversaux et marrés. La première opération à faire, après avoir mulonné, dans un endroit qui ne gêne pas la culture, les mottes des parties trop mouillées ou marécageuses, sera d'enfouir celles des autres parties dans les canaux transversaux, ayant soin de les placer les racines en dessus et de manière à ce qu'elles occupent la partie la plus élevée de ces canaux, afin de faciliter le cultivateur dans les pentes qu'il aura à donner aux plans des faces de la prairie.

Cette opération faite, on divise chaque sillon marré en deux parties égales, et l'on commence à bêcher dans la partie la plus élevée, en rejetant constamment la terre de chaque demi-sillon sur les mottes que l'on a distribuées dans les canaux transversaux, de manière à former de nouveaux sillons bombés, mais dont l'arête du milieu ait l'inclinaison que l'on voudrait donner plus tard à la face de la prairie.

Ce travail à la pelle doit être le plus profond possible et à grosses mottes, et les nouveaux canaux d'écoulement transversaux qui en résultent (qui se trouvent nécessairement dans le milieu des anciens sillons marrés) doivent avoir la même profondeur à peu près que ceux que l'on vient de combler, et leurs arêtes doivent, comme celles des précédents, aboutir à l'arête du canal principal d'écoulement, observant bien de donner à ces arêtes la pente que l'on voudrait être celle de tout le sous-sol.

On fait ce travail à grosses mottes pour plusieurs raisons : d'abord il se fait plus promptement, les mottes des parties mouillées étant extrêmement compactes ; ensuite il facilite les écoulements, et enfin les influences fructifiantes de l'air et du soleil se font sentir sur une plus grande surface.

Je ne saurais trop le répéter, ce premier travail, qui établit la nouvelle carcasse du pré, demande le plus grand soin de la part du cultivateur : c'est en le faisant qu'il doit calculer ses pentes de manière à donner plus tard aux canaux d'irrigation la direction la plus favorable ; c'est aussi alors qu'il doit diriger avec intelligence les mélanges de terre, placer les chemins de servitude, établir les réservoirs, enfin ébaucher les améliorations qu'il veut faire.

Que l'on ne s'effraie pas cependant de la dépense de ce premier travail : je l'ai fait plusieurs années de suite dans une prairie où j'avais à vaincre des difficultés telles qu'une grande quantité de grosses pierres blanches à enlever, de vieilles souches d'aulnes et de saules à extirper, des fossés et des parcelles de taillis à dessoucher et à défoncer, et j'ai été étonné du peu que cela m'a coûté en raison de l'immense avantage que j'en ai retiré l'année même et que j'en retirerai plus tard.

Le premier travail fini, il n'y a pas d'époque fixe pour faire le second ; cela dépendra de la température que l'on aura pendant le mois de juillet, car, pour le second travail, il faut que les mottes soient à peu près sèches ; mais on doit raisonnablement espérer que, vers le 1er août, le terrain sera suffisamment desséché pour procéder à l'ameublissement des sillons. Ce travail se fait à la tranche et le plus profondément possible, de manière cependant à ne pas déranger les sillons, et à ne pas atteindre les mottes d'herbages que l'on a enfouies dans le milieu.

Une fois la superficie des sillons bien ameublie, le cultivateur aura à décider, d'après l'époque à laquelle il aura terminé cette opération, laquelle des deux racines, de la betterave ou du navet, il veut mettre en terre.

La culture de la betterave est incomparablement la meilleure pour l'amélioration du sol, comme on le verra plus tard ; aussi, si le dessèchement et l'ameublissement de la superficie du terrain de la prairie se font dans le courant de juillet, il ne faut pas hésiter à préférer cette culture à la culture du navet.

La culture de la betterave se fera par repiquement de bons plants.

Avant tout, le fumier à préférer, non-seulement pour avoir de meilleur produit en disette, mais encore pour améliorer le sol, est le fumier frais de vaches ; le plus gros est le préférable.

On plante la betterave dans les sillons, à la pelle, en commençant par le haut du sillon ; on fait une petite fosse en travers, dans laquelle on met des plants et du fumier à chaque plant, que l'on recouvre en formant une autre petite fosse parallèle à la première, à la distance de trente à trente-cinq cenmètres, dans laquelle on met aussi des plants et du fumier, et on continue ainsi jusqu'au bas du sillon. Ce travail à la pelle est un peu long, il est vrai, mais il a l'avantage de rectifier ce qu'il peut y avoir de défectueux dans le sillon et d'ameublir la couche que la tranche n'a pas atteinte dans le travail précédent.

Une fois la betterave plantée, elle ne demande presque plus de soin ; je ne l'ai même sarclée que dans quelques endroits.

Si le travail d'ameublissement des sillons à la tranche ne peut se faire que dans le mois d'août, la première culture sera de navets. On répand sur la surface une couche de gros fumier que l'on enterre peu profondément, soit à la tranche, soit à la grande marre [1], et l'on sème ensuite.

L'une et l'autre des cultures produisent étonnamment : en betterave, j'ai eu 12,500 kil. de racines dans $^7/_{16}$ d'hectare, et dans de petits lots que j'ai mis sous navets, j'ai obtenu une récolte au moins égale à celle des meilleures terres.

Bien que l'on ne puisse établir, d'une manière générale, le coût du travail de la première année, puisqu'il dépendra de la nature et de la conformation de la prairie que l'on veut améliorer, je crois pouvoir suffisamment l'indiquer en donnant ici le détail exact de ce que m'a coûté ce travail dans un

(1) Houe légère à long manche, en usage en Bretagne.

terrain, où, comme je l'ai dit plus haut, j'avais à vaincre quelques difficultés, telles que l'extirpation de grosses pierres blanches, le dessouchement de vieux aulnes, une direction particulière à donner aux pentes pour faciliter l'irrigation, des fossés et une parcelle de taille à défoncer, enfin des chemins de servitude à tracer dans la prairie même.

Pour un demi-hectare, le travail des canaux de dessèchement, tant longitudinaux que transversaux, a occupé quatre hommes pendant six jours, à raison de 0 fr. 75 centimes par jour. . . . . 18 fr. 00 c.

Le marrage des parties mouillées et marécageuses, contenant environ $^1/_{16}$ d'hectare, et le transport et l'amulonnement des mottes, a occasionné un travail de deux jours, à cinq hommes.   7   50

Le défoncement de la partie sous taillis et sous fossés, et l'extirpation des vieux aulnes, ont été couverts, et au-delà, par le produit des souches et racines, bien que ce travail ait été fait profond et avec le plus grand soin. . . . . (Mémoire).   »   »

Le travail à la pelle, de $^7/_{16}$ d'hectare restant, et qui étaient primitivement sous-sol de pré épuisé, y compris le marrage, l'extirpation des pierres blanches et l'enfouissement des mottes dans les sillons, a occupé dix hommes pendant dix jours.   75   »

Vingt journées d'homme pour les chemins de servitude et le travail à la tranche. 15   »

Dix journées d'homme pour établir un réservoir d'irrigation. 7   50

Quinze charretées de fumier de vaches frais, à 5 fr. l'une, y compris le charrois. 75   »

Cinq charretées de gros fumier pour navets, à 5 fr. 50 c. 17   50

A reporter. . . . .   215 fr. 50 c.

Report. . . . . . . 215 fr. 50 c.

Trente journées d'homme pour planter la bet-
terave et semer le navet à la volée.. 22   50

Deux journées de femme pour sarcler. 1   20

L'extraction de la betterave et du navet est couverte, et au-delà, par la valeur des pampres que
l'on emploie à la nourriture des bestiaux, depuis
le mois de septembre. . . . . *(Mémoire).*   »   »

Total de la dépense. . . . . . 239 fr. 20 c.

Le produit de la récolte a été de 12,500 kilog. betterave, à
9 fr. les 50 kilog. . . . . 225 fr. 00 c.

Navets pour une valeur de. 20   »

Foin, un milier ¹/₂ 27   »

                                                  272   »

La dépense était de. 239   20

Produit net. . . . . . . 32 fr. 80 c.

Si, au lieu de planter de la betterave, j'avais semé du navet,
mon produit, y compris le foin récolté avant le travail, n'aurait été que d'environ 187 fr. ; mais j'aurais dépensé en moins
la différence de la valeur du fumier de vaches au gros fumier
et le salaire des hommes qui ont planté la betterave.

En résumé, je suis convaincu que, même avec des cir-
constances difficiles, on doit, la première année, couvrir sa
dépense, et au-delà.

§ II. — *Travail de la seconde année.*

Le travail de la seconde année est des plus simples : on
conserve les mêmes sillons et on leur donne un premier labour
à la pelle, vers le mois de mars. Si on a planté des betteraves

la première année, la seconde on y sème du blé-noir et des navets, dans la première quinzaine de juin.

Si on a semé des navets la première année, on plante des betteraves la seconde, en se servant du même procédé de plantation que celui que j'ai indiqué dans le travail de la première année.

Dans l'un et l'autre cas, en labourant les sillons, on doit observer de ne pas atteindre les mottes enfouies la première année, attendu qu'il faut trois ans pour les réduire en engrais et détruire les racines des plantes nuisibles qui pousseraient si on les ramenait à la surface.

Le cultivateur, dans ces labours, aura toujours soin de maintenir ses pentes.

La trempe à donner la seconde année dépendra du plus ou moins d'ameublissement de la terre : si la terre est compacte, on y mettra du gros fumier frais ; si elle est meuble, on y mettra du fumier consommé.

C'est la seconde année que l'on doit merler [1] sa prairie : il faut le faire largement ; là où on ne pourra pas se procurer du merle, on mettra du sable fin ou trèz [2] dans la même proportion ; là où on ne pourra amender ni avec du merle ni avec du trèz, on mettra des boues connues dans le pays sous le nom de *manous*.

Dans les pentes élevées, on pourra cultiver de la pomme de terre et de la carotte à collet vert ; l'une et l'autre de ces cultures réussissent parfaitement.

Tous les cultivateurs connaissent le résultat de ces différentes cultures dans un terrain de première qualité ; il est inutile d'indiquer et le prix du travail et le bénéfice ; mais ce que je puis affirmer, c'est que, même dans une année défavorable, il dépassera leurs prévisions.

---

(1) Merler, du mot breton *merl*, nom donné, dans le pays, à un sable de coraux.
(2) Nom breton d'un sable calcaire.

§ III. — *Travail de la troisième année.*

Au commencement de la troisième année, et même avant la fin de la seconde, si le temps le permet, on donne à la prairie un premier labour à la pelle, en commençant par la partie supérieure d'une des faces latérales de la prairie : ce labour doit être profond, se fait de manière à détruire tous les sillons et à établir pour toujours la surface du pré : il demande par conséquent, de la part du cultivateur, la plus grande surveillance. Dans ce travail, les mottes enfouies la première année doivent être ramenées à la surface et mêlées avec la terre ; les pentes doivent être bien établies, l'emplacement des canaux d'irrigation doit être tracé : l'intelligence du cultivateur et les besoins du terrain doivent seuls diriger cette opération, que l'on ne saurait trop surveiller, et que l'on ne peut indiquer que d'une manière générale.

Avant de passer au dernier labour et à l'ensemencement définitif de la prairie, il est à propos de parler des derniers engrais et amendements à donner pour cet ensemencement, et de bien établir quels sont les genres de fourrages qui conviennent aux prairies arrosées de notre arrondissement.

Des engrais et amendements de la troisième année.

Les prairies ayant été bien trempées de fumier animal, pendant les deux premières années, un des meilleurs engrais à donner la troisième année est celui qui provient des plantes et racines nuisibles que l'on extrait dans le cours des années précédentes, au moyen des sarclages, et de celles que le cultivateur soigneux se procure par le hersage, lors de ses labours de mars : au lieu de brûler, comme on le fait généralement, le produit des sarclage et hersage, le cultivateur qui a des prairies, soit à améliorer, soit à entretenir, doit ramasser ces racines et plantes nuisibles avec la plus grande attention, et les mulonner. Moins de deux ans suffisent pour pourrir ces plantes et racines, surtout si on a soin de les remuer une fois l'an et de les mélanger avec de la vase ou des *manous* [1] : aussi le cultivateur qui améliore ses prairies peut, dès la première année de son travail, préparer à bon compte les meilleurs engrais qu'il puisse donner lors de l'ensouchement de son pré. Si donc il a eu soin de se faire des compostes, comme je l'ai indiqué plus haut ; si, dans sa prairie, il a des mottes amulonnées dès la première année, en répandant ses compostes et ses mottes consommées lors de la semence, il n'aura pas besoin d'autre engrais.

Mais si on n'a pas pu faire de compostes et si on n'a pas de mottes amulonnées, on devra, avant de semer, donner à sa prairie une trempe légère de fumier consommé.

Des plantes fourragères à semer la troisième année.

Tous les auteurs qui ont écrit sur l'ensouchement des prairies arrosées ont indiqué, d'une manière générale, les graminées qui étaient propres à cet ensouchement : ces graminées sont nombreuses ; mais, quoique venant toutes dans notre arrondissement, elles n'y sont pas toutes d'un égal produit, et leur accroissement comme leur maturité n'y arrivent pas aux mêmes époques que dans d'autres parties de la France.

D'un autre côté, il est à remarquer que certaines de ces graminées sont tellement acclimatées à notre sol, qu'elles y

---

(1) Mot du pays pour exprimer les boues et engrais ramassés dans les chemins et autour des fermes.

repoussent naturellement pendant nombre d'années, malgré les sarclages les plus soigneux.

Il y a des graminées qui envahissent, d'autres qui résistent et d'autres qui succombent à la longue, faute d'entretien.

En thèse générale, je pense donc, et l'expérience est venue à l'appui de mon opinion, que les cultivateurs de notre pays doivent avant tout s'attacher aux graminées naturelles à la Bretagne, et n'introduire les exotiques qu'après les avoir acclimatées.

Du nombre des graminées qui viennent naturellement dans nos prairies arrosées, on doit classer parmi les meilleures :

1° La houque laineuse ;

2° Les ivraies vivaces ;

3° Le paturin des prés ;

4° L'agrostis.

Une prairie ensouchée de ces quatre graminées seulement serait parfaite, en ce sens qu'elle produirait considérablement (l'accroissement et la maturité de ces quatre graminées étant précoce), et que le foin que l'on y récolterait, fait en temps opportun et de la manière que nous traiterons ultérieurement, serait infiniment meilleur que celui qu'on récolte généralement en Bretagne.

La houque laineuse est la base de toutes nos bonnes prairies ; elle est, ainsi que les ivraies vivaces, résistante aux envahissements.

L'agrostis du pays est moins productif ; son foin est fin et succulent, il est envahissant.

Le paturin des prés est extrêmement commun ; il forme le fond de nos bonnes prairies, dites *fraîches ;* ses racines sont traçantes ; dans les parties voisines des sources, il s'emparera de la majeure partie du terrain ; aussi je recommande de ne le semer épais que dans les endroits que l'on doit couper en vert.

Pour ensoucher un demi-hectare avec les graminées ci-dessus, il faut :

7 Kilogrammes houque laineuse ;
7   *Id.*   ivraie ou ray-grass ;
3   *Id.*   paturin ;
2   *Id.*   agrostis.

Au lieu d'ivraie vivace, on peut semer, la première année d'ensouchement, 7 kilogrammes de ray-grass d'Italie : cela m'a parfaitement réussi ; mais ce graminée ne durant que trois ans, on ne doit l'employer que dans les endroits où l'on sera certain d'un bon ensouchement à venir ou dans ceux susceptibles de recevoir plus tard une nouvelle semence, au moyen du rateau et du rouleau.

On peut se procurer, à bon marché, des graines des quatre plantes fourragères ci-dessus dénommées : j'en ai fait récolter à la main qui ne me reviennent pas à 30 centimes le kilog.

Les quatre graminées, que je désigne comme base de l'ensouchement des prairies arrosées, ne sont pas les seules que l'on puisse y employer : la nature du terrain et surtout les dispositions qu'il peut avoir à en produire d'autres reconnues bonnes, telles que la flouve odorante, les fétuques, les dactyles, le fromental, tous indigènes, doivent diriger le cultivateur dans le choix de ses semences ; cependant il faut éviter, dans les prés qui peuvent et doivent donner plusieurs récoltes, de mêler des plantes qui ne croissent ni ne mûrissent ensemble.

Enfin, le plus mauvais moyen d'ensouchement d'une prairie est de semer les graines de foin que l'on ramasse dans les greniers.

Cela posé, je reviens au travail de la troisième année.

Après avoir établi la surface de son pré, au moyen du travail à la pelle dont il a été parlé, on répand dessus ses composes ou des fumiers consommés, et on les enterre en mars, par un léger labour à la pelle ; on sème de suite en ajoutant à la quantité donnée ci-dessus des graines de fourrages , quatre kilogrammes de graines de trèfles et environ un hectolitre d'orge par demi-hectare , et on passe dessus le rateau.

L'orge ne fait aucun tort aux autres semences, au contraire, il abrite les jeunes plants , et lorsqu'on le coupe , si on a la précaution de ne pas le raser de trop près , on aura la même année une coupe abondante de regain.

Avec les semences d'ensouchement de prairies , j'ai ajouté quelquefois du sarrasin (blé-noir) ou de l'avoine noire ; l'un et l'autre m'ont très bien réussi ; mais j'ai renoncé à la culture du blé-noir , parce qu'on est obligé de retarder , à cause de lui, la semence des graminées d'ensouchement , et à la culture de l'avoine , parce qu'elle verse et absorbe une grande quantité de fumier.

Avant de terminer cet article , je dois prévenir le cultivateur que , la quatrième année , il n'aura pas besoin d'arroser , et, comme dans les parties qui ont été mouillées pendant de longues années , la terre devient extrêmement meuble par le labour , que l'ensouchement n'y est pas solide , il faut éviter d'y faire paître les bestiaux , non-seulement parce que par leur poids ils détruisent la régularité de la surface , mais parce qu'ils arrachent quelques plants de graminées et de trèfle.

La récolte de la quatrième année est prodigieuse : j'ai eu , en 1840 , quatre coupes de fourrages excellents ; toutes ont été mangées en vert. Si j'avais voulu faire du foin , j'aurai eu , je le pense , une coupe de moins.

Bien qu'après l'ensouchement , le cultivateur n'ait plus à faire dans la prairie qu'un travail d'entretien , il y aura des règles à suivre pour cet entretien , et surtout pour l'arrosement , que je crois utile de tracer.

De l'entretien des prairies.

Une fois la prairie bien ensouchée, le principal soin sera de consolider le sol au moyen du rouleau : cette opération se fait la première année, en février, et après la première coupe.

Si, malgré les soins donnés lors du renouvellement de la prairie, on s'apercevait qu'il pousse des plantes nuisibles, telles que du jonc, etc., il faudrait les extirper en février et mars, au moyen d'un sarclage.

Les prés renouvelés devront être fumés tous les quatre ans : les composts dont j'ai parlé plus haut, auxquels on joindra du fumier court, sont les meilleurs engrais. Il faut éviter la mauvaise méthode de répandre sur les prés les balles des céréales, qui contiennent toutes plus ou moins de graines de plantes nuisibles ; il vaut mieux les utiliser à la nourriture de certains bestiaux.

Des arrosements.

Les arrosements sont le principal élément de la fécondité des prairies, s'ils sont convenablement dirigés ; mais ils sont cause de leur ruine, s'ils sont faits à contre-saison ou s'ils sont prolongés de manière à noyer la prairie.

Nous ne saurions trop le répéter : dans notre arrondissement, nous n'avons ni de bons ni de copieux fourrages, parce que nous arrosons mal nos prés depuis un temps immémorial. C'est contre l'abus de l'arrosement que le cultivateur doit porter toute son attention.

Les principes d'arrosements que je vais indiquer, qui ne sont qu'une application à la localité de l'opinion de nos savants agronomes, sont tellement impératifs que, si on ne les suivait pas après l'affermissement de son nouvel ensouchement de prairie, on détruirait en peu de temps les résultats de l'amélioration.

En principe général, on doit diriger ses arrosements de manière à en être toujours maître, c'est-à-dire qu'au moyen d'un coup de pelle ou du déplacement d'une ardoise on puisse les faire cesser à l'instant même.

Dans une prairie que l'on peut arroser en toute saison, il faut diriger ses canaux d'irrigation et établir ses réservoirs de manière à pouvoir répandre ses eaux sur la plus grande étendue possible, et de manière à ce qu'elles séjournent le moins possible sur la partie arrosée.

Les canaux de dessèchement et d'irrigation ayant été préparés avec intelligence, pendant le travail d'amélioration et d'ensemencement de la prairie, lorsque le besoin d'arroser sa prairie améliorée se fera sentir, ce qui n'aura lieu qu'après l'affermissement du sol, on préparera ses moyens d'arrosements en nettoyant, dans le courant d'octobre, les canaux de dessèchement et d'irrigation, et en essayant, pendant cinq ou six jours seulement, par une belle nuaison, de répandre l'eau sur la prairie ; et lorsqu'on sera certain que son système d'arrosement est bien établi, on se hâtera de fermer les canaux d'irrigation, car il ne faut jamais que la gelée trouve l'eau répandue sur les prés.

Aussitôt les gelées passées (dans notre arrondissement vers le mois de février), il faut que le cultivateur surveille l'arrosement, parce qu'à cette époque l'herbe commence à végéter : alors on arrosera pendant huit à dix jours de suite. Néanmoins, s'il y a apparence de gelée, on arrêtera l'arrosement pour le recommencer quand la gelée sera passée.

Lorsque la prairie aura été arrosée pendant huit à dix jours, on la laissera se ressuyer pendant cinq ou six, et on continuera ainsi jusqu'à la fin de mars.

Pendant les mois d'avril et de mai, on n'arrosera que deux

ou trois jours de suite, et on laissera le sol se ressuyer cinq ou six.

Enfin on doit cesser tout arrosement lorsque l'herbe est assez haute et assez touffue pour couvrir le sol de manière à laisser au soleil peu d'action desséchante sur la racine.

Aussitôt la fenaison achevée, on recommence les arrosements par intervalle, pendant un mois environ, pour faciliter la pousse du regain.

L'année où l'on fume la prairie, ce que l'on doit faire à la fin de janvier, on n'arrose que très peu et seulement en cas de sécheresse.

CHAPITRE II.

Des prairies arrosées avec écoulement difficile, et des terres marécageuses.

Nous avons dans notre pays une quantité de terrains de cette espèce ; bien que leur différence ne soit pas toujours sensible, nous les distinguerons, comme les auteurs, en prairies basses et prairies marécageuses : les premières sont celles qui longent les rivières et les ruisseaux, et dont le sol à peu près plat est quelquefois couvert par les débordements ; les autres sont celles que l'on rencontre dans des plateaux humides sans écoulement apparent ; ces dernières sont nombreuses et leur amélioration, quoique plus difficile, doit éveiller l'attention du cultivateur ; car si cette amélioration n'est pas aussi fructueuse que celle des prairies arrosées et des prairies basses, elle n'en est pas moins avantageuse.

La manière d'améliorer ces deux sortes de prairies étant la même quant au travail préparatoire, et ce travail se rapprochant, à quelques modifications près, de celui des prairies arrosées avec écoulement, nous ne ferons qu'indiquer sommairement ces modifications.

Dans ces sortes de prairies on doit, comme dans les prairies arrosées, s'occuper avant tout du dessèchement au moyen de canaux profonds percés avec intelligence dans le cours du mois de juin. Le sol doit aussi être divisé en sillons, être marré et travaillé à la pelle aux époques dites ; la seule différence est que les sillons doivent être beaucoup plus larges (de 15 à 20 mètres), et plus élevés que dans les prairies arrosées ; dans les prairies basses il faut que l'arête supérieure de ces sillons soit dans la partie inférieure au niveau de la plus grande élévation des eaux du ruisseau, et que la pente de cette arête soit le plus inclinée possible. Dans les terres marécageuses l'arête devra être inclinée de manière à faciliter un écoulement ; dans l'un et l'autre cas il faut que les sillons soient plus bombé que dans les prairies arrosées , et établis de manière à ne pas être dérangés par les cultures subséquentes.

Le travail de la première et deuxième année , quant aux engrais et aux racines à cultiver , est le même que dans le chapitre précédent ; enfin le travail de la troisième année , et surtout l'ensouchement en graminées , ne diffère de celui des prairies arrosées qu'en ce que l'on conserve les sillons tels qu'on les a formés d'abord , et que l'on doit ajouter à la semence de l'avoine noire au lieu d'orge , dans les prairies marécageuses.

Si le cultivateur ne trouve pas que sa terre soit suffisamment amendée la troisième année , ce qui arrive fréquemment pour les terres marécageuses, il ne devra pas hésiter à faire un labour de quatrième année, et, au moyen d'une fumure légère ; il y aura une récolte abondante de blé-noir ou de vesce : dans ce cas il ne procèderait, de la manière qui précède, à son ensouchement, que la quatrième année. Les terres marécageuses sont celles qui ont le plus besoin d'être amendées avec du merle, du trèz ou des manous;

Je n'ai encore fait de ces dernières améliorations que sur une petite échelle (quarante ares), et quoique j'eusse à lutter contre un sol couvert de joncs et d'autres plantes aquatiques , que dans quelques endroits le sous-sol de terre blanche fût presque à la surface , j'ai obtenu , dans un laps de temps de quatre ans , une prairie parfaitement ensouchée et en plein rapport. Le ray-grass d'Italie y est surtout venu d'une manière étonnante.

Si quelques-uns de mes collègues cultivateurs désiraient juger par eux-mêmes de l'état de mes prairies , que j'ai cultivées et que je cultive encore d'après les procédés que j'indique , je me ferai un vrai plaisir de recevoir , à ma terre du Cosquérou , en Ploujean , près Morlaix , et leurs visites et leurs avis.

CHAPITRE III.

Du regazonnement.

On appelle regazonnement une opération par laquelle on consolide la couche végétale d'un pré, qu'on rend unie pour que les eaux n'y séjournent pas.

Plusieurs années après la création ou l'amélioration d'un pré par le défoncement, la terre reste très meuble, et quelques graminées y pousseraient en touffes inégales et élevées, si on n'avait la précaution de regazonner dans les premiers jours de février ; et, pour le faire, on commence par donner un fort coup de rateau en fer sur la surface du pré, pour étendre les taupinières et enlever les feuilles mortes. Ensuite on fait passer le rouleau en pierre, ou, si l'on n'a pas de rouleau, on se sert d'un pilon en bois nommé *dame*, pour consolider le sol et en détruire toutes les aspérités.

Lorsqu'on veut fumer un vieux pré, on doit le regazonner

avant d'étendre l'engrais et le rouler après , surtout si on se
sert de manous, de compostes et d'engrais pulvérisants , qui
sont les meilleurs pour les prairies.

DE LA FABRICATION ET DE LA CONSERVATION

DES FOURRAGES.

De la récolte.

La première récolte que l'on fait dans l'année est celle des
fourrages ; les instruments du pays pour couper l'herbe (la
faux et la faucille) et pour la faner (la fourche et le rateau
en bois) étant suffisants, et nos cultivateurs y étant habitués ,
nous n'en désignerons pas d'autres.

Des fourrages verts.

Les fourrages verts qui sont , en été, la principale alimentation de nos chevaux de labour, et pendant presque toute
l'année celle des bestiaux dans les fermes où il y a des fraiches,
demandent , pour leur emploi , les plus grandes précautions.

L'époque la plus favorable pour couper les fourrages verts
est celle où les fleurs commencent à tomber , parce que c'est
celle où les plantes fourragères contiennent le plus de substances

nutritives; mais ce moment dure trop peu de temps pour qu'on puisse l'attendre ; cependant, excepté dans les fraiches, il ne faut pas se hâter de couper les fourrages verts, et on doit n'y mettre la faux que lorsque les tiges sont développées et ont un peu de consistance.

Tous les animaux sont friands de fourrages verts et les mangent d'autant plus avidement qu'ils sont plus fraîchement coupés ; cependant il n'y a rien de plus dangereux que de les donner ainsi. Avant de les mettre dans le ratelier, on doit les laisser s'essuyer et se faner sur le pré, si le temps est sec, ou les mélanger avec de la paille, si on est obligé de les ramasser humides. De même qu'il est dangereux de donner aux chevaux et aux bestiaux du vert trop frais, il faut bien se garder de les alimenter avec celui qui est dans un commencement de fermentation : le fourrage vert coupé le matin pour donner le soir, ou le soir pour donner le lendemain matin, est le meilleur.

Tous les fourrages verts doivent se couper le plus près possible de la racine.

Le plus grand talent du cultivateur est de diriger ses assolements de manière à avoir du vert le plus longtemps possible, et de le ménager de manière à ce que les animaux ne passent pas subitement d'une nourriture sèche à une nourriture verte abondante.

De la récolte du foin des prés naturels.

Le défaut qu'ont tous nos prés naturels est d'être composés de végétaux qui n'arrivent pas à leur maturité aux mêmes époques de l'année, et souvent de ne pas produire du foin de même qualité dans toutes leurs parties ; de sorte que, lorsqu'arrive la récolte du foin, le cultivateur doit s'occuper de deux choses essentielles : 1° de saisir l'époque la plus convenable pour faucher ; 2° de classer à l'avance ses herbages de manière à ne pas mêler les foins de première qualité avec les inférieurs.

L'époque de couper les foins varie avec la température de l'année, et, dans notre climat pluvieux, on ne peut pas toujours saisir, pour faner, celle où la majorité des plantes qui composent le pré est à la fin de la floraison. Nous le répétons, c'est lorsqu'elles perdent leurs fleurs que les plantes fourragères contiennent le plus de qualités nutritives ; il ne faut jamais couper avant la floraison, parce qu'on a moins de foin, et que, par la dessication et la fermentation, il se réduit souvent en poussière ; ni longtemps après, parce que le foin perd de sa saveur, de sa couleur et de ses qualités nourrissantes. Aussi, lorsque l'époque des foins arrive, le cultivateur doit toujours être aux aguets pour saisir une nuaison convenable, et, lorsqu'il la trouve, il doit en profiter, toutes affaires cessantes.

En vain dira-t-on que, lorsque les plantes fourragères sont en pleine maturité, le foin pèse davantage, et qu'après la fermentation et le tassement qui s'ensuit il y en a une plus grande quantité ; nous ne nions pas le fait (quoiqu'on exagère la différence de volume d'un foin fait à la fin de la floraison, et d'un foin fait après la maturité des plantes fourragères) ; mais nous disons, parce que cela est vrai, que cinq kilogrammes du premier foin nourrissent mieux un animal que dix du second, et qu'il se porte mieux avec une bonne nourriture qu'avec une médiocre.

Il est reconnu en principe que, lorsqu'on laisse une plante mûrir sur pied, elle épuise plus la terre que lorsqu'on la coupe verte ; sous ce rapport encore il y a avantage à couper le foin avant la maturité des plantes fourragères.

Quant à l'idée qu'ont plusieurs cultivateurs qu'en laissant le foin mûrir sur pied il se ressèmera et que le gazon en sera meilleur l'année suivante, c'est une véritable erreur ; nos meilleures plantes fourragères sont vivaces , et elles ne cessent de produire que quand on les épuise ou qu'on les noie; la semence , en supposant qu'elle repousse dans une terre épuisée ou noyée , ne donnerait que des productions rabougries et sans suite.

Si la prairie a besoin d'être ressemée , il faut faire cette opération en février , comme nous l'avons dit au titre du regazonnement , et semer de bonnes graines en regazonnant.

Bien qu'on doive s'empresser de couper le foin quand la plus grande partie des bonnes plantes qui le composent sont à la fin de la floraison, il ne faut jamais faucher que par un temps assuré, et lorsque la prairie est le plus desséchée possible ; car plus vite le foin est fait , meilleur il est , et il vaut mieux encore laisser les foins mûrir un peu trop sur pied que d'être forcé par un mauvais temps de le conserver sur le pré à moitié fané.

Quand le temps est beau et sûr , il faut faucher même avant le lever du soleil (bien que la rosée , qui facilite l'action de la faux, soit contraire à une prompte dessication), et couper le plus près possible du sol , parce que la partie la plus fournie des herbes est à la racine , et qu'il y a des herbes excellentes qui ne s'élèvent pas haut. Aussitôt le foin fauché , il faut le remuer le plus souvent possible , en l'étendant également sur le pré. C'est une mauvaise méthode que de laisser le foin se ressuyer en andains , et en voici la raison.

La sève est aux plantes ce que le sang est au corps humain : elle est en circulation tant que le corps n'est pas mort. Plus on renfermera de sève dans la plante pour la faire coaguler par la dessication , plus la plante contiendra de substances nutritives; or , en laissant les plantes fourragères en andains , c'est-à-dire penchées vers la terre , avec la plaie de la faux à la partie inférieure , on facilitera l'écoulement de la sève par cette plaie; tandis qu'en retournant de suite la plante coupée , et en l'agitant dans l'air, on provoque une prompte cicatrisation ou dessication de la plaie, et on renferme la sève dans la plante.

Chez moi, du foin fait de suite a été préféré par mes chevaux à celui du même pré et de la même composition d'herbage, que j'avais pour essai laissé reposer une demi-journée en andains avant de le faner.

D'après la bonne raison que j'ai donnée pour rompre de suite les andains, il arrive que le foin coupé à la fin de la journée est répandu sur le pré, comme celui coupé au commencement. Si le temps est beau, il n'y a aucun inconvénient à étendre ce dernier foin coupé ; mais il n'en est pas de même du premier, qui a un commencement de dessication : celui-là doit être ramassé en petits mulons pour passer la nuit.

Quelqu'avantage qu'il y ait à faire sécher promptement le foin et à rompre de suite les andains pour concentrer la sève dans la plante, si le temps devient incertain ou que la pluie survienne, il vaut mieux laisser le foin en andains que de l'étendre. En général, et pendant tout le temps de la fenaison, il faut, autant que possible, que la pluie ou même la rosée ne trouve pas étendu un foin qui a commencé à sécher.

Nous le répétons donc, à la fin de la première journée, on met en petits mulons le foin qui a commencé à sécher, et le lendemain, quand la rosée est passée, on rompt les mulons et on fane le plus souvent possible, parce que l'action de l'air sur le foin facilite autant la dessication que l'action du soleil.

Rarement à la fin de la seconde journée le foin est assez sec pour être envoyé à la ferme ; mais, sec ou non, il faut le ramasser avant l'humidité du soir, en meules plus grandes que la veille.

Le troisième jour, si le beau temps continue, il faut rompre les mulons comme la veille, aussitôt la rosée levée, et remuer constamment le foin en l'étendant sur le pré jusqu'à ce qu'il soit sec : ce qu'on reconnaît lorsqu'il crie sous la main en le froissant.

Aussitôt le foin fait, il faut l'envoyer à la ferme ou le réunir sur le pré en meules aussi grandes que possible , et ne rompre ces meules pour le ramasser définitivement que quand il fait bien sec ; car si on a la précaution de faire de très grandes meules, élevées et en cône , il n'y aurait en cas de pluie que la partie du foin qui est à la superficie qui perdrait de sa saveur et de sa couleur.

Si le temps est incertain ou que la pluie surprenne le cultivateur au milieu de sa fenaison , il n'y a plus de règles fixes pour faire le foin , il n'y a que des précautions à prendre pour éviter que le mauvais temps surprenne le foin à demi sec étendu sur le pré , car alors on ne pourrait pas le mulonner sans danger de le voir s'échauffer et se détériorer.

Que le foin ait été fait promptement ou qu'il ait été retardé par l'intempérie de la saison, il ne faut jamais le ramasser que parfaitement sec ; du foin trop vert ou du foin humide, mis en masse , fermente , s'échauffe , prend mauvais goût , mauvaise couleur et mauvaise odeur , et répugne aux chevaux et aux bestiaux ; tandis que la fermentation douce qui s'établit dans un foin sec et bien récolté, concentre ses émanations , empreint les plantes inodores de la saveur des plantes meilleures, et augmente ses qualités.

De la récolte du trèfle.

L'époque la plus convenable pour faire du foin de trèfle est celle où la plante a pris toute sa croissance , et où les fleurs commencent à tomber ; bien que ce foin soit fibreux et un peu dur fait à cette époque, il se conserve mieux, se fane plus facilement , et perd moins de ses feuilles que si on le fait lorsque la plante est trop jeune.

Le foin de trèfle , dont les chevaux et les bestiaux sont très friands, demande, pour le faire bien, des soins coûteux ; mais on en est dédommagé par la quantité de substances nutritives qu'il contient.

La meilleure manière de faire le foin de trèfle, pour le faner plus facilement, est de le couper à la faucille et de l'étendre par poignées quand il est coupé, comme on étend les céréales. Si on se sert de la faux, il faut qu'elle soit garnie d'un playon ou rateau de manière qu'en fauchant on puisse, comme dans la récolte des céréales à la faux, déposer le trèfle sur la terre sans déranger le parallélisme des tiges ; il est même à propos d'avoir, derrière le faucheur, une femme ou un enfant qui régularise les andains et qui étend le trèfle à plat sur la terre sans le déranger.

C'est surtout pour faner le trèfle qu'il faut profiter d'une nuaison sèche, et ne jamais le couper qu'après que la rosée est passée, car les feuilles de trèfle étant très larges, et le foin de trèfle ne devant pas, comme le foin de pré, être remué aussitôt qu'il est abattu, la rosée séjournerait dans le trèfle coupé, et en retarderait la dessication.

Les feuilles de trèfle, qui forment la partie la plus substancielle du foin de trèfle, se détachent facilement pendant et surtout après la dessication ; il faut donc faire sécher ce foin sans le remuer trop, et comme les tiges du trèfle sont grosses et pleines d'eau et de sève, cela n'est pas toujours facile ; voici le moyen que j'ai vu employer, que j'ai employé moi-même, et qui a parfaitement réussi.

Une fois le trèfle coupé et étendu en poignées ou en andains plats sur la terre, on le laisse ainsi jusqu'au lendemain. Le lendemain, on le retourne à la main ou à la fourche aussitôt la rosée levée, et on rétablit les poignées ou les andains plats comme la veille. Le surlendemain, toujours après la rosée levée, on le dresse en petites meules de deux poignées, comme dans la récolte du blé-noir, et on le laisse ainsi jusqu'à ce qu'il soit sec.

Une fois sec, on le met en bottes longues de moyenne grosseur (6 kilogrammes à peu près), en plaçant le bas des tiges aux deux extrémités et en superposant les fleurs les unes sur les autres ; on lie les bottes avec trois liens.

Le foin de trèfle bottelé ne doit pas être ramassé de suite ; il faut en faire des meules de 40 à 50 bottes dans le pré, en mettant les bottes debout et les plaçant les unes sur les autres, de manière à former un cône élevé dont on forme la pointe, soit avec de la paille droite, soit avec de la fougère, soit avec du trèfle ; on lie cette pointe, mais on a soin de laisser pendre la tige des plantes qui la composent de manière à former une espèce de toit rond.

Le foin de trèfle ainsi mulonné ne craint plus la pluie, et comme l'air peut jusqu'à un certain point pénétrer dans le mulon, la fermentation à laquelle il est sujet plus qu'aucun foin est douce et se fait sans altérer sa qualité.

Lorsque cette fermentation a eu lieu (10 à 12 jours après le mulonnage), on ramasse le foin de trèfle à la ferme, soit dans des greniers, soit à l'extérieur ; mais il est mieux dehors, si on a soin de faire une grande meule pareille à celles qu'on a faites dans le pré.

Je conviens que cette méthode demande de la main d'œuvre ; mais jusqu'ici je n'ai pas vu faire de bon foin de trèfle autrement, et si l'on considère la qualité et la plus grande quantité d'excellent fourrage que l'on se procure en procédant comme je l'indique, on verra qu'on sera bien dédommagé de sa peine en employant cette méthode.

Si toutefois on ne veut pas la suivre, on pourra faner le trèfle comme le foin de prairie, en observant de ne pas le couper avant que la rosée soit levée, de ne pas le remuer activement en le séchant pour ne pas faire tomber les feuilles, et de ne pas le laisser trop longtemps en meules quand il n'est pas sec, car, on le répète, plus qu'aucun autre fourrage il est sujet à s'échauffer et à se détériorer.

Quant à la méthode de faire du foin de trèfle par la fermentation de la plante mulonnée verte, telle qu'elle est enseignée par Thaer et quelques auteurs, je ne la conseillerai jamais dans notre pays, où les beaux jours sont rares et où les essais n'ont pas réussi.

De la conservation des fourrages secs.

Ce n'est pas tout d'avoir fait le foin avec intelligence et soin, il faut encore le loger de manière à ce qu'il conserve les qualités qu'on lui a données par une bonne fenaison.

Rarement en Bretagne on loge le foin dans les greniers ; ceux qui le placent ainsi doivent éviter le voisinage des animaux dont les émanations se répandent dans le foin, et celui des fumiers et des ateliers qui exhalent de mauvaises odeurs ou de la fumée, car le foin, qui est très poreux, s'empreint facilement de l'air vicié qui l'entoure, et devient désagréable, surtout pour les chevaux, qui sont très délicats sur la nourriture.

La méthode la plus généralement usitée de ramasser le foin en plein air et en formant des meules est encore la préférable. Dans la plupart de nos fermes, on fait ces meules en forme de parallélipipède rectangulaire, dans lequel le foin est tassé, peigné au dehors, et recouvert en toit sur lequel on étend de la paille de froment ou de seigle. Cette méthode est sans doute bonne, mais la préférable est celle de faire les meules rondes autour d'un mâtereau que l'on a solidement fixé en terre ; ces meules, qui ont la forme d'une tour couverte par un toit de paille qui dépasse les parois de la tour, ont le précieux avantage de mieux résister aux grands vents, et de conserver le foin excellent jusqu'au dernier morceau, ce qui n'arrive pas toujours dans les meules rectangulaires.

Soit qu'on place la meule sur un rectangle, soit qu'on la

place sur un cercle , il faut l'isoler de la surface de la terre , en mettant dessous des pierres ou des branches d'arbres pour empêcher l'humidité de pénétrer dans la meule.